MUTABILITÉ

DE LA MATIÈRE,

PAR

F. VIGNAL,

Préparateur au Musée d'Histoire naturelle de la ville de Lyon.

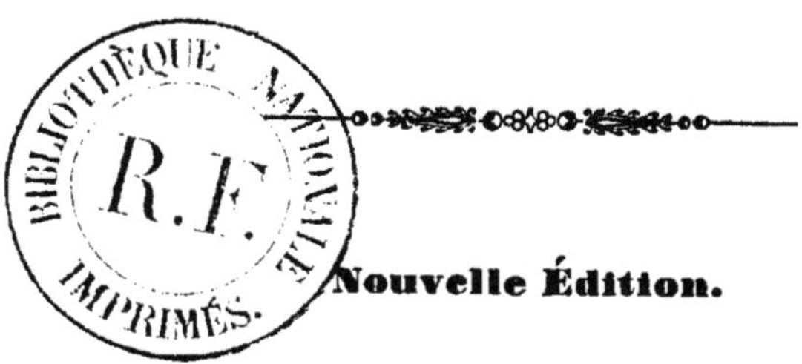

Nouvelle Édition.

LYON.

IMPRIMERIE DE BARRET,

Rues Pizay, 11, et Lafont, 8.

1849.

PASSAGES

CONTENUS DANS CE MÉMOIRE.

Origine de notre Globe.
Formation des eaux de la mer.
Organisation animale.
Composition du noyau solide de la terre.
Spontanéité du feu intérieur de la terre.
Principe du renflement de la terre à son équateur.
Cause de la disparition des animaux perdus.
Avénement de l'homme sur la terre.
Dernière période de formation de la terre.

AVERTISSEMENT.

Conséquent avec la réserve du sujet de cette nouvelle édition gardée jusqu'à ce jour, je devais nécessairement prévenir que ces mêmes notions étaient préalablement consacrées à paraître en tête de l'Opuscule relatif à la hauteur de l'atmosphère, que j'ai publié en 1844 ; et que la manifestation de cette pensée n'avait été ajournée que par la considération du défaut de documents propres à l'appui d'un raisonnement, qui ne pouvait avoir de forces compréhensibles qu'avec la prépondérance des observations philosophiques du petit nombre d'auteurs modernes, qu'il m'a été dès lors possible de consulter ; de sorte que, malgré la restriction de moyens investigateurs, je suis néanmoins parvenu à formuler le sens de ma pensée, comme faisant partie intégrante de mon premier travail, auquel j'ai fait subir les modifications indispensables à sa reproduction littérale, pour être inséré dans l'ordre convenable et à la place pour laquelle il avait été d'abord destiné.

PRÉLIMINAIRE.

L'étude des faits scientifiques d'un ordre élevé n'ayant, pour base de développement, que la seule ressource des observations conjecturales, telles, par exemple, que la plupart de celles appartenant à l'astronomie, à la météorologie et au magnétisme terrestre. Ces observations dis-je, considérées dans l'ensemble des circonstances qui forment la disposition d'une parfaite harmonie dans la règle descriptive des faits, ne sauraient être pour ainsi dire, incontestablement revêtues du caractère de vérité que nous croyons atteindre avec la prédilection donnée au sentiment persuasif qu'une apparence de conviction fait admettre au jugement exceptionnel de notre spécialité personnelle, c'est-à-dire, qu'avec l'irrésistible prétention partiale qui nous domine, nous ne voyons pas tous également le même objet de la même manière, et quoique la délibération du libre arbitre paraisse approcher de la réalité d'un fait étudié, nous ne faisons souvent que préparer à l'esprit observateur mieux organisé, la route qui conduit au succès complet de nos recherches ; et c'est à cette considération que l'épanchement de ma manière de voir s'énonce avec une liberté peu modeste sans doute, montrant néanmoins sans prétention d'irrécusabilité, l'impression de tout ce que je sens, vois et pense en pareille matière déterminée sous l'influence d'une émulation soutenue par l'encouragement des savantes leçons répandues par la Faculté des sciences de la ville de Lyon, où le souvenir de plusieurs faits depuis longtemps aperçus vinrent se reproduire à ma mémoire, en s'associant à tout ce que j'ai pu apprécier de vraisemblable à leur appui, entraînant ma pensée dans les nombreuses circonvolutions des hypothèses propres à réaliser nos recherches au sujet des différents faits ordinaires à l'état organique de la nature, tels que la hauteur peu connue de l'atmosphère que j'avais cru jusqu'à ce jour, comme on le croit peut-être encore, envelopper d'une manière uniformément égale la surface entière du globe terrestre, lorsqu'une réflexion plus étendue me présenta ce fluide différemment disposé, pour laquelle disposition on ne sera sans doute point surpris du développement auquel nous avons droit d'attendre, possédant chacun pour notre part d'intelligence, un fragment plus ou moins grand de connaissances propres à former par leur union harmonique, l'ensemble complet des objets qui font le sujet de notre sollicitude, et que l'avenir voit insensiblement arriver, par l'association des idées littéralement produites, en se réduisant à la juste valeur de leur importance d'utilité.

Je ferai donc remarquer à cet égard, que les faits cités dans ce Mémoire, quoique bien différents les uns des autres par leurs propriétés diverses, n'appartiennent pas moins à des causes d'une même nature, comme on verra par les détails qui les concernent chacun en particulier ; et pour lesquels je suis d'abord obligé d'entrer dans la généralité de l'état physique du monde, me restreignant ensuite dans les limites du cercle de notre système planétaire.

RAISONNEMENT.

L'indépendante volonté de ma pensée placée en présence des lois organisatrices du monde pour étudier le mystère de la vie universelle, devait entraîner avec elle quelques réflexions fondamentales sur les conséquences heureuses du changement de nature et de dispositions diverses, que la main du Créateur fait éprouver à la matière, dans les phases de métamorphoses qui concourent à la formation des astres ; de sorte que, dans le fait unitaire des éléments qui les constituent, je ne saurais conséquemment entrer dans aucun détail de la définition problématique de l'essence originaire de ces mêmes éléments ; attendu, qu'une telle prétention, serait vouloir abandonner follement l'essor de la pensée au comble de l'absurdité, que d'insister à la recherche d'une semblable question : d'ailleurs, cette hypothétique idée a excité généralement la préoccupation des philosophe de tous les temps, ayant toujours compris en définive, que la matière n'avait pu avoir un commenceient par la raison de son indestructibilité reconnue ; autant à l'appui de ce fait, que rien, absolument rn, ne saurait produire quelque chose que ce soit erdehors de tout ce qui a toujours existé, et qui sera ernellement sans altération d'aucune de ses propités physiques, parce que la matière préexistante ne purrait recevoir une quantité d'éléments plus grandque celle qui la compose rigoureusement, ni supportr la soustraction d'une partie de son tout défini qu'e subissant les conséquences inévitables d'un fait prticulier à l'une ou à l'autre de ces deux lois opposes ; soit en faveur du développement sans fin des fones corporelles que produirait la propriété toujours aissante de la matière, soit au contraire par la dimnution continuelle de la substance qui compose ces mêmes corps ; parce qu'en supposant le premier as, cet accroissement ayant lieu sans épuiser la soure de reproduction, cette circonstance ne pourrait permttre à la formation des corps d'autres modificatioı ou changements d'état possible que celui d'une augmentation de volume dans une forme toujours semblble à celle qu'ils auraient prise à leur apparition das le monde ; et dans le cas contraire où l'on admerait la décadence continuelle de ce principe unitai, il ne pourrait faire autrement que d'arriver, comme on peut le prévoir, infailliblement à une fin d'anéanssement complet qui n'existe point dans la nature ni pour l'un ni pour l'autre de ces deux faits supposés, car l'expérience nous montre que les corps ne restent pas toujours disposés dans le même état de composition chimique. Leur désorganisation étant irrévocablement certaine sans qu'il n'y ait rien de perdu de tout ce qui les constituait d'abord, étant seulement divisés par la dissolution pour ainsi dire complète; de sorte qu'il résulte de l'association de ces antagonistes lois, la force mystérieuse d'un pouvoir modificateur à disposer généralement tous les corps à prendre immédiatement des formes et des propriétés vitales, selon les diverses métamorphoses que la nature impose à la matière, où le pouvoir créateur se montre toujours avec un caractère d'action illimitée, semblable à l'infini de l'immensité, ayant à la tête de son cortége la présence imposante du calorique régénérateur, étalant la splendeur éblouissante de la lumière comme étendard de la puissance organisatrice du mouvement vital des éléments indispensables à la perpétuité du règne divin.

Conséquemment, la respectueuse considération due à ce juste syllogisme, devait nécessairement fixer la prédominance de mes désirs investigateurs à des limites qui ne pouvaient s'étendre au-delà des grands phénomènes généraux qui caractérisent les divers passages de métamorphoses éprouvées par la matière, parce qu'il serait dans le fait impossible, avec la faiblesse de notre esprit, d'entrer dans les détails précis des moyens que la nature emploie à procréer les organes physiologiques des êtres qui font l'ornement de la surface de notre globe. Néanmoins, si je me permets de vouloir audacieusement pénétrer le passé et l'avenir de la vie terrestre, ne dois-je pas naturellement baser mes observations sur des hypothèses conciliées avec le judicieux raisonnement des hommes hautement placés dans le domaine de la science ? quelle influence persuasive ma voix peut avantageusement obtenir dans une question d'étude aussi élevée, si ce n'est avec le concours des idées sympathiques d'un certain nombre d'auteurs compétents à ce sujet ? Aussi, j'ai dû à juste titre interpréter le produit de leurs savantes méditations comme étant de la plus haute importance à justifier un ordre de mutation, qui me paraît en tout conforme à la sagesse de leur opinion, sur le changement de nature diverse que la matière éprouve successivement dans le cours de sa vie perpétuelle.

En effet, dans la création incessante et universelle des astres, que se passe-t-il ? Les particules insaisissables spéciales à la formation des corps célestes, ne sont-elles pas invisiblement disséminées dans l'immensité pour y éprouver les modifications nécessaires aux divers changements qu'elles doivent suivre pendant le développement de ces mêmes corps ? Cela ne demande pas un commentaire bien étendu pour le faire comprendre, car la matière passant de son état invisible à celui de la transformation de globe vaporeux que nous appelons *nébuleuse*, ne saurait prendre la consistance d'un corps solide, tel, par exemple, que celui de la terre, sans être contrainte à subir les conséquences forcées des lois progressives de métamorphoses, que la nature impose au développement de tous les êtres de l'univers.

De sorte que, d'après ce principe actif de permutation de formes que poursuivent les éléments réunis dans l'organisation du monde ; je crois devoir essayer l'explication des phénomènes qui concourent à la composition des corps célestes, en prenant pour type de comparaison, la marche progressive d'accroissement, que la terre a dû suivre depuis sa naissance jusqu'à son état de volume actuel, développement qui continue ainsi jusqu'à sa dernière période d'achèvement sous l'influence simultanée de l'union réciproque des principes qui la constituent, tels que l'atmosphère comme matière première, suivie de l'admirable propriété véhiculaire que possède la présence des eaux à la composition des corps terrestres en général ; et enfin, de l'incomparable calorique lumineux comme principe incontestable de la vie du mouvement universel ; ces trois éléments réunis sont soumis à des changements successifs ayant lieu dans les conditions d'un ordre d'affiliation mutuelle, qui s'explique par les diverses observations philosophiques de plusieurs auteurs modernes, ainsi qu'il suit.

Voici comment M. Marcel de Serre se déclare dans ses observations préliminaires sur la création de la terre.

« L'œuvre de la création est-elle aussi complète pour l'univers qu'elle paraît l'être pour la terre? Lorsqu'on porte son attention sur les phénomènes de l'admirable assemblage des corps célestes que l'on nomme *univers*, il est facile de reconnaître que si les uns semblent achevés, une foule d'autres sont pour ainsi dire à la première période de leur formation.

« Il s'opère chaque jour des créations nouvelles dans l'espace, il y paraît à tout instant des astres nouveaux qui passent par différentes phases avant d'atteindre leur perfection.

« But final pour lequel la matière qui les compose a été disséminée au milieu des régions éthérées. »

En effet, le nombre de nébuleuses auquel M. Marcel de Serre fait allusion, est tellement considérable, que le savant Herschel en a découvert plus de deux mille, dont l'état de densité diffère de l'époque plus ou moins éloignée de leur apparition dans le monde visible, c'est-à-dire qu'elles présentent selon leur âge un aspect varié depuis la transparence d'un léger brouillard jusqu'à l'opacité d'un noyau solide semblable à celui de la terre entourée comme cette dernière d'une vaste atmosphère, observation qui doit nous faire croire avec raison que l'origine de formation des astres ne saurait provenir que de la substance dispersée du produit des corps incandescents de l'immensité, ceux-ci étant le dernier état visible que présente la matière dans toutes ses phases de transformations ; de sorte que les nébuleuses à leur aspect naissant, possèdent en elles-mêmes pour tout leur avenir la propriété essentielle à leur entier développement, car cette marche d'accroissement est soumise à une série de principes liés entre eux et sagement organisés pour le maintien de la vie perpétuelle de mouvement, c'est-à-dire que les moyens créateurs sont circonscrits dans les limites d'un cercle non interrompu, où se concentrent les lois régénératrices du monde, en se reproduisant sans cesse de la même manière ; parce qu'il n'est guère possible de comprendre autrement l'état des choses universellement perpétuelles, sans entrer dans un dédale qui rendrait inexplicable la sublime propriété indestructible que possède la matière. Du reste, le résumé des phénomènes qui complète l'ordre de cette théorie, trouvera certainement dans le monde éclairé des idées sympathiques à ce judicieux système de perpétuité.

Supposons maintenant que notre globe ait été, comme il est probable, à ce premier degré de développement, quel a dû être le phénomène qui a servi de base à sa solidification ? peut-on admettre dans cette circonstance que le calorique seul ait dû accomplir dans sa tâche spéciale la réduction d'une partie de cette masse gazeuse à l'état solide tel que se trouve aujourd'hui le globe terrestre ? Il n'est pas possible de le croire d'après les connaissances parfaites que nous avons de la propriété que possède le calorique à dilater généralement tous les corps ; nous ne pouvons pas non plus admettre la puissance condensatrice d'une basse température assez intense pour solidifier également une partie de cette vapeur atmosphérique, parce que le globe terrestre entièrement dénué de calorique n'aurait pas eu alors la puissance organisatrice de produire les trois règnes de la nature qui sont incontestablement le principe essentiel de sa composition ; mais j'ajouterai, dans cette circonstance, que ces deux puissantes propriétés quoiqu'opposées l'une à l'autre par leur effet contraire, ne sont pas moins indispensables à l'accomplissement de l'œuvre créatrice de tous les phénomènes qui frappent nos sens dans l'admirable contemplation des êtres qui ornent l'ensemble de l'univers, où le pouvoir antagoniste de ces deux principes se modifient mutuellement dans la reproduction perpétuelle des êtres comme résultat simultané de leur puissant effet, dont l'un est la conséquence réciproque de l'autre, pour régler la température vivifiante à un degré de modification cenvenable à l'organisation spéciale de tous les corps, parce que le calorique seul existant ne pourrait avoir d'autre propriété que celle de tenir la matière dans un état perpétuellement gazeux répandue dans l'immensité, sans pouvoir prendre aucune autre forme visible, et dans le cas contraire, où la matière serait soumise à subir l'effet d'une basse température entièrement privée de calorique, celle-ci ne pourrait être autrement réduite qu'à l'état solide sans mouvement et frappée de l'impuissance de la mort. Je n'ai donc à l'égard de cette première formation du noyau solide de la terre qu'une supposition à faire, pouvant être considérée comme une réalité d'autant plus probable qu'elle entraîne intuitivement la pensée en faveur d'un pouvoir coërcible à réunir l'immense quantité de vapeurs humides que contenait alors l'ensemble de notre nébuleuse, pour former la masse liquide que nous appelons *mer*. Le commencement de cette mer n'était-il pas véritablement le dépôt sacré d'une base constituant le sanctuaire du mystère créateur des êtres qui devaient nécessairement produire le premier état de solidification du globe ? Il ne faut pas pour cela une grande pénétration d'esprit pour le comprendre ; mais poursuivons le fait, pouvons-nous admettre comme chose certaine toutefois, que l'influence du magnétisme électrique (1) puisse être considéré comme le principal agent véhiculaire à la régénération de tous les produits organiques du globe ? Sans doute on ne peut lui attribuer que cette admirable propriété bienfaisante parce qu'il n'est guère possible de douter un instant de son pouvoir spécial à transformer les vapeurs humides de l'air en eaux pluviales produisant l'abondance du bien terrestre. Ce n'est donc

(1) Le magnétisme électrique, pour moi, n'est autre chose que les opérations naturellement chimiques de l'atmosphère dans la combinaison des gaz nécessaires à la formation des eaux pluviales, car le magnétisme simple n'est que la vie relative à la présence de tous les êtres palpables de l'univers.

2

qu'avec les mêmes moyens chimiques de l'atmosphère que la mer s'est formée dans le principe de sa création ? Cette question me paraît tellement vraisemblable que j'aurais été tenté de croire l'intermittence des pluies ordinaires comme une source alimentaire à cette mer, si je n'avais eu connaissance des intéressantes opérations expérimentales que M. Sauvanau de St-Rambert, membre correspondant de la Société d'agriculture de la ville de Lyon, a faites sur la quantité d'eau pluviale tombée pendant l'espace d'une année consécutive comparée à l'évaporation des eaux absorbées par l'air durant le même laps de temps, ayant eu pour résultat à peu de chose près, la contre-balance des deux expériences pour nous faire comprendre, que cette disposition atmosphérique devait conserver jusqu'à extinction l'équilibre d'une composition aérienne nécessairement établie lors de la formation complète de cette masse liquide qui enveloppe le globe ; il fallut donc, que le magnétisme électrique, par son importante propriété à seconder l'œuvre de la création des êtres en général de la terre, voulut bien verser dans cette région aqueuse les bienfaits de sa puissance organisatrice, en épanchant avec abondance le germe de la vie animale propre à cet élément comme première génération qui devait habiter le globe, création qui s'explique par des expériences faites par une société savante, et qui peuvent être faites par quiconque voudra s'en assurer, dont voici quelques détails cités dans le dictionnaire classique d'histoire naturelle, à l'article *Création*.

« C'est dans ce fait, disons-nous, que l'on reconnaît au contraire un effet merveilleux de cette législation incompréhensible et sublime, qui voulut, en imprimant des lois à la matière, prouver que les ressources de la nature étaient inépuisables. En effet, c'est encore ici que le microscope, accourant au secours de notre faiblesse, en nous initiant en quelque sorte dans les confidences du Créateur, nous procure de véritables révélations non moins propres que toute autre chose à pénétrer de respect et d'admiration quiconque les sait comprendre. Ici, l'homme lui-même, associé à la puissance organisatrice, peut devenir à son tour créateur; qu'il prenne quelques parties d'un corps organique, qu'il les place en infusion dans de l'eau la plus pure, où de grossissantes lentilles lui auront démontré qu'il n'existe rien de vivant, et que, garantissant son infusion du contact des agents extérieurs, il observe attentivement; bientôt des êtres doués de vie se développeront sous ses yeux. Ces êtres seront bien simples, mais ils n'en seront pas moins existants; il ne tardera pas à s'en présenter de plus compliqués, et diverses espèces se montreront ou successivement ou toutes à la fois, et il en sera d'identiques dans une infinité de produits différents mis en expérience. Qu'on mêle deux ou trois de ces infusions, des espèces propres à chacune y vont persévérer; ce fait est hors de doute, nous l'avons continuellement vérifié. Que maintenant on choisisse pour en faire l'expérience, une plante propre au Canada; par exemple, qu'après l'avoir soumise à l'expérience, et quand elle a produit des animaux, on en mêle l'infusion avec celle d'un végétal de l'Inde ou de la Nouvelle-Hollande, et qu'il en résulte, comme la chose ne manquera pas d'arriver, quelques infusoires qui ne se trouvent ni dans l'un ni dans l'autrede ces deux liquides. N'aurait-on pas opéré véritablement une création, un être que la nature n'avait pas arrêté dans son plan primitif, puisqu'elle avait semblé vouloir rendre impossible, par les distances, le rapprochement des corps qui viennent y donner lieu, mais qui n'en est pas moins l'ouvrage de ses immuables lois, et qui doit se produire toutes les fois que les circonstances seront les mêmes.

« Certes, un pareil fait n'est pas en faveur de la doctrine qui attribue à l'aveugle hasard, l'ordre sublime auquel nous concourons par notre existence; il commande, au contraire, une admiration qui porte au respect pour le législateur souverain, car il est impossible de voir tout ce qui existe irrévocablement soumis à des lois immuables et d'y former le projet follement audacieux de se soustraire au frein salutaire de l'ordre établi. La contemplation de cet ordre de la nature en fait chérir l'image jusque dans l'état social. »

Les découvertes journellement faites en géologie, sur les fossiles végétaux et animaux, que l'on trouve à de grandes profondeurs de la surface de la terre, ne peuvent-elles pas faire considérer ces fossiles comme des médailles à l'appui de ce principe de formation ? Il serait difficile à comprendre autrement les progrès d'accroissement du globe, attendu qu'à l'époque où les vapeurs humides de notre nébuleuse formèrent le corps ondulatoire de la mer, aucune autre substance de nature plus compacte que ce liquide, n'avait pu encore produire la matière qui devait commencer le noyau solide de la terre : il était donc indispensable que cette première transformation eût lieu comme base de la création des êtres organisés d'une existence propre à cet élément. D'après une telle question, on doit conclure que la solidification terrestre n'a dû se faire qu'avec les débris de la désorganisation de ces mêmes êtres réduits par la mort, à l'état d'inertie où la volonté vitale cède à la pesanteur de la matière entraînée vers le point central d'attraction du globe pour s'y fixer successivement. Néanmoins, la station de la matière concentrée au milieu des eaux de la mer, ne devait pas être moins contrainte à des modifications qui surviennent pendant le développement de cette masse solide, dont nous voyons les effets démontrés par les observations géologiques sur les divers soulèvements qui se sont opérés jusqu'à nos jours. Nous pouvons donc penser, d'après la marche toute naturelle de l'accroissement du globe, qu'il a fallu un nombre infini de millions de siècles à la superposition continuelle des débris organiques, pour accomplir progressivement le volume actuel de la terre; et comme on est à peu près certain que son développement s'effectue au détriment de l'atmosphère et des eaux qui enveloppent le globe ; quelques auteurs philosophes en donnent des détails corrélatifs bien précis, que voici :

Herder, livre Ier, chapitre V, parlant des fonctions de l'atmosphère :

« Avec une structure si compliquée, nous sommes un débris de presque toutes les espèces d'organisations de la terre ; et comme il est probable que leurs parties premières et constituantes furent toutes précipitées de l'éther pour passer de l'invisible à un monde visible, nous étions alors incapables de respirer l'air pur quand notre terre commença à paraître ; selon toute apparence, l'air fut le réceptacle des pouvoirs et des matériaux qui concoururent à sa formation : et n'en est-il pas encore de même ? Que de choses jusque-là inconnues ont été découvertes dans ces derniers temps, qui toutes agissent à travers le milieu de l'air, la matière électrique et le fluide magnétique, le flogistique et le principe acidifiant des sels qui développent le froid et peut-être les parties de lumières que le soleil ne fait que mettre en mouvement. Toutes ces choses sont les instruments de l'opération de la nature sur la terre ; et combien plus encore en reste-t-il à découvrir. L'air féconde et dissout les êtres matériels, il les absorbe, il les précipite, il les met en fermentation. Ainsi, il semble qu'il est le père des créatures terrestres aussi bien que de la terre elle-même. »

Herder dit aussi plus loin dans le même chapitre :

« L'homme, comme toute autre créature, est un nourrisson de l'air, et dans le cercle entier de son existence, il est le frère de tous les êtres organisés de la terre. »

Voici également la pensée du naturaliste philosophe Oken, exprimée dans son esquisse du système d'anatomie, de physiologie et d'histoire naturelle, comme suit :

« La terre, dans son ensemble, doit être considérée comme un corps organique dont les parties seraient le développement ou plutôt la répétition d'un seul principe.

« Les animaux étant postérieurs aux plantes, les plantes postérieures aux minéraux, et les minéraux postérieurs aux éléments; il s'ensuit que les éléments sont au moins pour les minéraux, les plantes et les animaux, le principe dont tous les corps émanent, dont ils sont le développement dans des degrés divers, modification que nul être ne devrait éprouver que par leur influence réciproque existant seule primitivement.

Conséquemment, s'il en est ainsi des opérations créatrices des choses universelles, nous ne devons pas être surpris des modifications que les substances organiques sont obligées d'éprouver en prenant les formes et les propriétés diverses que nous connaissons appartenir aux différentes matières minérales qui constituent notre globe; parce que ces matières, variées à l'infini, n'ont pas eu pour principe exclusif de formation, la nécessité de s'emparer d'une substance de nature spécialement invariable à leur espèce, car la métamorphose des corps organiques fossiles, ne conserve rien de l'état physique dont ils étaient doués de leur vivant, si ce n'est la forme d'une infinité de sujets que l'on trouve enfouis et réduits à une matière proprement minérale, pour nous faire comprendre que le globe terrestre, n'est qu'un composé des débris organiques superposés, pour arriver ainsi jusqu'à son parfait développement.

L'analyse de la substance animale « vient encore à l'appui de ce fait, puisqu'on y trouve l'azote, le carbone, l'oxigène, l'hydrogène, les sels alcalins et les oxides métalliques formant la base de leurs compositions» (*Chimie organique*).

Il me semble que de tels faits, doivent suffire à nous fixer sur la marche graduée du développement de notre globe, ayant dû nécessairement donner à la terre pendant un certain laps de temps, une forme régulièrement sphérique sans accident montueux et entièrement couverte par les eaux de la mer, jusqu'à ce que des causes qui nous sont inconnues, mais que nous pouvons attribuer soit à la fermentation, soit à la compressibilité de ces mêmes substances organiques, ayant provoqué la combustion spontanée dans l'intérieur du globe, pour en déranger la forme alors sphérique sans rugosité; car nous n'ignorons certainement pas, la cause du surgissement des points terrestres qui se sont élevés au-dessus du niveau des eaux de la mer; les volcans et les tremblements de terre, en sont une preuve journellement démontrée.

En effet, l'attraction centripète du globe est tellement considérable, que l'on ne doit point être surpris de la spontanéité du calorique dans son intérieur, pour accomplir les bouleversements de sa surface: les expériences faites par plusieurs voyageurs philosophes, ayant exposé une bouteille vide parfaitement bouchée et plongée dans les grandes profondeurs des eaux de la mer, nous le démontrent suffisamment; car cette bouteille, malgré sa forme cylindrique capable de supporter les efforts incalculables d'un liquide qui la presse dans tous les sens, ne peut cependant résister à l'immense force compressive de cet élément, sans être brisée, quoique garantie contre les corps étrangers par un grillage en fer, lequel n'a éprouvé aucun dérangement: rupture, qui ne doit sûrement avoir lieu qu'avec un fort dégagement de calorique? au surplus, la percussion, le frottement, la pression des corps solides et la fermentation des substances organiques en macération, ne sont-ils pas des faits en faveur de l'apparition spontanée du calorique, que la Providence a chargé du remaniement perpétuel de la matière, pour assurer de toute éternité le mouvement vital qui la caractérise dans la régénération des êtres universels ? Cette pensée n'est certainement pas neuve, puisque M. Erhemberg accuse dans un passage de ses œuvres, être disposé à croire les apparences fortuites de la combustion intérieure du globe, comme provenant de la fermentation des substances organiques en macération ; du moins, peut-il en être autrement ? car cette combustion intérieure de la terre, loin d'être un fait circonstanciel imprévu de la nature, l'on peut être assuré que cette particularité n'est au contraire qu'un passage indispensable à l'ordre des lois qui régissent le monde : par conséquent, l'intensité progressive du calorique intérieur de la terre, doit marcher en raison du développement que celle-ci prend en arrivant à sa dernière période de formation ; de sorte que, si nous ne sommes que faiblement impressionnés de l'effet de cette combustion qui se fera sans doute sentir plus tard, nous pouvons avec raison attribuer cette cause, aux divers débouchés volcaniques du globe, donnant issue aux impétueux vomissements continuels d'un feu souterrain qui, s'il était concentré dans une enceinte trop étroite à son dégagement, ne manquerait pas d'exercer sa puissance irrésistible de déchirement violent à la surface du globe, comme les premiers qui ont dû avoir lieu lors du surgissement des continents.

D'après un tel raisonnement, les observations du progrès de développement de la terre jusqu'à sa situation actuelle, ne doivent-elles pas faire considérer cet astre comme une nébuleuse peu avancée dans sa perfection ; c'est-à-dire, que notre globe n'est encore que dans l'enfance comparativement à ce qu'il doit être à sa dernière période de formation, car son accroissement est tellement peu sensible, que l'on ne saurait s'apercevoir de son effet prospère, que par la grande quantité de débris organiques trouvés sur tous les points de la terre, à de grandes profondeurs de sa surface recouverte par les produits de la postérité ; néanmoins, je dois citer un fait révélateur de l'accroissement du globe observé en Amérique, lors de mon séjour dans cette partie du monde, où quelque temps après mon arrivée dans la Guienne française, je fis l'acquisition d'une propriété située dans l'île de Cayenne, où son établissement avait été construit par Billaud de Varenne ex-président du conseil des Cinq-cents, déporté dans cette colonie, lors des crises tumultueuses de la première république de France. Ce personnage avait donné à cet établissement le nom de *Montplaisant*, mais la situation de cet emplacement, quoique très-agréable d'ailleurs, ne laissait pas que de me donner de l'inquiétude sur le sort de mes plantations, dont la grande quantité de fourmis dévastatrices (1) ravageait continuellement le produit de la fertilité, sans qu'il me fût possible d'en arrêter le cours, par l'insuffisance du nombre de nègres de mon atelier; de sorte que je me trouvai dans la

(1) Désignées à Cayenne sous le nom de *Fourmis manioques*.

nécessité de transporter mon établissement sur les lieux d'une habitation abandonnée depuis trente-cinq ans, par suite de la liberté rendue aux nègres esclaves, lors de la révolution de 1789; lesquels avaient entièrement démoli les maisons, et dispersé les instruments aratoires sur la surface de ce mamelon disposé en forme oblongue et ovoïdalement arrondie à son sommet où se trouvait placé l'établissement. J'observai d'abord que la haute mer arrivait, lors de la destruction de cette habitation, jusqu'au pied de ce mamelon, par le moyen d'un canal qui servait aux transport des denrées; mais en 1827, époque à laquelle je commençai l'exploitation de cette partie du sol, je remarquai que la superposition des atterrissements entraînés par les inondations pluviales avaient tellement obstrué cette voie de communication, que le voisinage de la haute mer était éloigné à plus de 400 mètres du débarcadère; le simple raisonnement nous fait comprendre que la cause rétrograde de la mer, ne provenait que du remblai fait par un surcroît de terrain pris au détriment des parties les plus élevées de ses environs, ce qui ferait supposer l'abaissement du sol de ces mêmes parties montueuses, quand il en était le contraire, car les matières terreuses remuées de la surface des hauteurs par les eaux pluviales, se trouvent continuellement renouvelées par les produits organiques décomposés, et la fécondation spontanée des êtres végétaux et animaux toujours active sur la zône équatoriale, rétablit non-seulement l'état ordinaire du sol, mais en augmente encore la surface; les instruments aratoires disséminés sur la montagne nous en donnent une preuve assez évidente, parce que ces instruments auraient dû être à découvert pendant le long espace de temps que les pluies torrentielles de la contrée, devaient nécessairement déchausser, ce qui n'avait précisément pas eu lieu, puisqu'ils étaient généralement tous enfouis à 4 ou 5 centimètres de la surface du sol. Je dois encore ajouter un fait qui a plus particulièrement frappé mon attention à cet égard; c'est qu'en faisant creuser un puits au pied de cette éminence près du débarcadère, l'on a trouvé à la profondeur d'environ un mètre, divers objets en fer sans doute répandus sur le sol, à la même époque de ceux que l'on a déjà trouvés sur la montagne; il est facile à comprendre que ces objets placés dans un bas-fond, dussent nécessairement être plus profondément enfouis par l'atterrissement arrivé sur ce lieu, que la situation de sa surface ne laissait point échapper. D'ailleurs, je n'insisterai pas d'avantage sur ce fait, j'observerai seulement que le mouvement providentiel du développement des êtres organisés, se manifeste sur la zône intertropicale avec tant de force de reproduction, qu'il explique suffisamment la cause, non-seulement de l'accroissement continuel du globe, mais encore de la question jusqu'à présent hypothétique du renflement bien connu de la région équatoriale; attendu que sur les pôles, la vie organique est tellement réduite par l'inclémence de la température, que l'organisation végétale et animale est pour ainsi dire regardée comme nulle, ne permettant à ces deux empires glacials, qu'un développement organique si faible, qu'il ne peut être comparé à celui de l'équateur : néanmoins, ces mêmes parties du globe presque disgraciées des bienfaits de la nature, n'ont pas toujours été privées des douceurs bienveillantes de la création ; les débris de végétaux et d'animaux que l'on y trouve, fossiles dont les semblables vivants sont aujourd'hui à l'équateur, nous indiquent évidemment que les pôles actuels, ont dû, à des temps antérieurs, profiter de l'expansion abondante du bien que prodigue la nature aux êtres organisés répandus sur la zône intertropicale de nos jours ; car cette organisation morte par la rigueur du climat, n'aurait pu prendre naissance pour continuer son développement, si les pôles d'aujourd'hui n'avaient été alors placés dans des conditions favorables à la conservation de ces mêmes produits organiques.

Conséquemment, nous devons croire, même par induction, que la surface du globe passe successivement des pôles à l'équateur pour accomplir la régularité de son développement sphérique, parce que l'on a reconnu en astronomie, que l'axe de rotation diurne de la terre n'est point invariablement fixé sur un même point de sa surface, et que celle-ci, par un mouvement extrêmement lent et sans doute périodique, se trouve successivement placée dans toutes les situations d'aspects favorables à recevoir l'influence régénératrice du calorique solaire.

Je dois rappeler à cet égard la pensée du savant géologue F. de Labèche, exprimée dans la deuxième édition de son *Manuel de géologie*.

« L'état présent de la surface du globe est loin d'être stable ; au contraire, en admettant un espace de temps suffisant, on trouve sûrement un grand changement dans les rapports entre les continents et les eaux. Ces progrès sont lents sans doute, mais ils n'en existent pas moins et sont tellement sensibles, que bien des personnes sont tentées de rapporter tous les phénomènes géologiques aux mêmes causes qui produisent encore les effets dont nous sommes journellements témoins. »

Cette pensée géologique est en quelque sorte confirmée par des observations sur l'étude du ciel, consignées dans la troisième édition du *Manuel d'astronomie* de M. Bailly, parlant des mouvements de la terre, comme suit :

« Les deux inégalités que nous avons désignées dans les mouvements de la terre, sont certainement les principales auxquelles elle est soumise, mais il en existe encore une autre assez importante et qui résulte de l'ensemble des attractions que les planètes réunies exercent également sur le globe; c'est le déplacement graduel du plan de l'écliptique dans le ciel et la diminution par siècle de son inclinaison sur l'équateur, d'une quantité égale, ou à peu près égale à 52" 1154,

(Environ le centième de la pression, 1/2" par an; 1' après 115 ans; 1° en 6900 ans). L'ensemble des observations réunies par les plus anciens observateurs, établit d'une manière positive la réalité de ce changement d'obliquité, et l'analyse mathématique la plus sévère est encore venue ajouter à sa confirmation. On reconnaît encore les effets de diminution en comparant les étoiles relativement à l'écliptique à des époques très-éloignées; on peut s'en assurer surtout pour les étoiles voisines du solstice d'été et d'hiver, celles qui étaient autrefois au nord de l'écliptique, près du solstice d'été, sont maintenant plus avancées vers le nord. En s'éloignant de ce plan, au contraire, celles qui, suivant le témoignage des anciens astronomes, étaient autrefois situées au midi de l'écliptique, près du solstice d'été, se sont rapprochées de ce plan, et quelques-unes s'y trouvent maintenant comprises et l'ont même dépassé, en se portant vers le nord. Des changements inverses ont eu lieu vers le solstice d'hiver, toutes les étoiles participent à ce mouvement, mais diversement et d'autant moins qu'elles sont plus voisines de la ligne des équinoxes.

« Hyparque est le premier qui ait observé ce déplacement des étoiles par rapport aux équinoxes; mais, dans sa théorie, se fiant toujours aux apparences, il rapportait ce mouvement aux étoiles au lieu de le supposer au plan de l'écliptique comme cela est réellement. »

Je crois avoir suffisamment expliqué, si l'on a su

me comprendre toutefois, la haute importance des divers phénomènes qui ont accompagné le progrès de développement de notre globe dans toutes ses phases de métamorphoses, jusqu'à son état de volume actuel.

Pouvons-nous maintenant porter notre attention sur l'intéressante question de connaître le lieu qui a réellement servi de berceau à la création du premier homme; toutefois, cette création ne se serait montrée que pour une seule race et à un seul et même point de la surface du globe, ce qui ferait croire que toutes celles que nous connaissons proviendraient d'une seule et même souche pour se répandre sur toutes les parties habitables de la terre ? Mais ne se pourrait-il pas aussi que chacune de ces races se soit montrée spontanément à différentes parties du globe et à des époques plus ou moins reculées les unes des autres. Cette question me semblerait tout aussi raisonnable que la première, puisque l'on est forcé d'admettre pour chaque contrée de la terre, des produits de natures diverses et soumis à l'influence d'une température propre au type d'organisation spéciale à chaque localité. Cependant, si l'on admet l'homme descendu d'une seule race, la prédominance de mon choix serait fondée en faveur de la race nègre par plusieurs faits inhérents à son existence, d'abord originaire de la zône intertropicale africaine, où le climat fournit en abondance les produits convenables à l'avénement de l'espèce humaine, et que cette même partie du monde, quoique la plus anciennement connue de la terre, a néanmoins conservé traditionnellement ses habitants dans la moralité sauvage que devait avoir l'homme sortant du néant ; car l'indifférence que porte le nègre sur toute chose même de la plus haute importance à l'intérêt de son avenir, le place au rang inférieur de la société. Celui-ci, absorbé par le penchant dominateur des émotions qui guident les actes de sa vie obscure, n'entreprenant rien pour asseoir la base de la prospérité civilisatrice de sa patrie, quoiqu'il y tienne par-dessus toute chose ; ce caractère d'indifférence le déprécie à un tel point, qu'on le croirait dans une extrême misère, lorsqu'il est au contraire dans une aisance pour ainsi dire parfaite, relativement à la sobriété de sa vie nutritive ; d'abord peu délicat dans le choix des aliments que le climat fournit en abondance; il ne pense pas non plus à se couvrir le corps, ne pouvant supporter le moindre vêtement par la chaleur du lieu qu'il habite, mais il n'a pas la même sobriété pour satisfaire aux exigences de la vie générative; celle-ci occupant toute la pensée d'une âme dévorée par l'envie d'assouvir les désirs de son insatiable passion émancipée ordinairement pendant l'obscurité des nuits, car l'indolence du nègre le porte naturellement à se blottir dans sa demeure jusqu'à la chûte du jour, où il s'abandonne spontanément à des actes commandés par l'influence des impressions que produisent en lui les objets extérieurs, pour en user avec une liberté insouciante semblable à celle des effets de la simple nature. Ne serait-ce pas là véritablement la vie et les mœurs d'un peuple absolument neuf, que l'abondance des produits du sol qu'il habite prive des moindres préoccupations de l'esprit inventeur qui caractérise la race blanche ? L'intelligence de l'homme n'aurait-elle pas grandi en suivant la marche ascendante des idées que les besoins de sa conservation ont dû produire en s'éloignant de son berceau ? L'influence d'un climat différent à celui qui a vu naître sa race, n'aurait-elle pas changé en lui toutes les habitudes de ses premières impressions, ainsi que la couleur de sa peau ? Nous ne devons trouver à cela rien d'extraordinaire, quand on pense que les diverses contrées de la terre donnent à leurs nourrissons végétaux et animaux un aspect et des mœurs qui les caractérisent pour chacune des parties du globe, dont on n'a pas encore bien étudié les causes. Nous savons seulement que le changement qu'éprouvent les animaux domestiques, transportés à des lieux d'un climat opposé à celui qui les a vus naître ; les générations postérieures qui en sortent, dégénèrent ou s'améliorent, selon les conditions de température plus ou moins favorables au développement de l'espèce. Assurément, l'homme n'est point exempt de l'influence de ces mêmes lois modificatrices.

Quoi qu'il en soit des apparences que peuvent produire ces observations en faveur de l'adoption de ce principe créateur du premier homme sorti de la race nègre, je croirais m'abuser trop légèrement que d'admettre un fait aussi obscur à pénétrer, attendu que cette argumentation peut être interprétée sous plusieurs points de vue avec des chances égales de probabilités ; mais quelle que soit la race humaine qui s'est montrée la première sur la terre protectrice de son berceau, cette terre ne pouvait être placée en dehors de la zône intertropicale ; au contraire, mais bien près de la partie équatoriale : j'admettrais la supposition de ce fait comme une chose vraisemblable, afin d'approcher de l'époque géologique de son apparition sur la terre raisonnée d'après les hypothèses suivantes.

Si nous supposons que le berceau du premier homme était, lors de sa création, à une localité appartenant à la ligne équinoxiale de cette glorieuse époque, nécessairement cette partie du globe doit être aujourd'hui déplacée à quelques degrés de notre équateur actuel vers l'un ou l'autre des deux hémisphères. Supposons que ce déplacement local soit de deux ou trois degrés, ne pourrait-on pas présumer, d'après les observations faites en astronomie, concernant le mouvement du plan de l'équateur s'inclinant vers l'écliptique, que l'époque de la création de l'homme serait portée à une date reculée d'environ dix-huit à vingt mille ans? Vraiment, un nombre aussi considérable d'années, comparativement au temps passé du globe depuis son origine, pourrait n'être compté tout au plus que pour le court instant du passage rapide de l'apparition d'un éclair, surtout considéré d'après l'intervalle qui nous sépare de l'époque de sa dernière période de formation ; car cette limite est tellement éloignée dans l'avenir, que nous n'avons pas dans notre langue d'expressions suffisantes à énumérer le nombre de millions de siècles qui suivront l'arrivée de sa perfection absolue ; d'autant plus que notre atmosphère paraît être encore alimentée par les molécules provenant de la matière dispersée par la combustion de la masse solaire, pour en reculer le terme final de sa formation complète. Du reste, j'ose croire que les géologues de nos jours finiront par découvrir le nombre de révolutions géologiques appartenant à ce lent mouvement de la terre, évalué par les attentives observations de quelques philosophes, à 6,900 ans pour l'espace d'un degré seulement.

Ces recherches peuvent être faites, non pas depuis l'origine de la terre, mais à partir des premiers soulèvements qui ont fait surgir hors des eaux de la mer, les continents privilégiés à recevoir la première organisation végétale et animale destinée à respirer l'air libre. Cette question est sans doute un peu embarrassante par la disposition des couches terrestres, dont l'ordre de superposition a été dérangé dans tous les sens par les divers soulèvements successifs qui ont eu lieu ; mais comme les couches sont probablement bien distinctes par la nature de leur époque de formation, la pénétration investigatrice des géologues ne laissera pas que d'en déterminer la série peu nombreuse, pour nous conduire approximativement à l'époque de l'apparition de l'espèce humaine sur la terre ; car selon toute apparence, nous ne pouvons appartenir qu'à la dernière période de révolution géologique; et sans doute, près de l'équateur, si ce n'est sous la ligne même où l'homme, par la nature de sa conformation physiologique, ayant le corps dénudé et soumis à un long intervalle de temps qu'exige les soins de sa plus tendre enfance, a dû y recevoir tout ce qui était nécessaire aux besoins de sa conservation, parce qu'il lui eût été impossible, en d'autres conditions, de résister aux intempéries des climats, en dehors des limites tropicales où il se trouve aujourd'hui naturalisé.

Supposons que la présence de l'homme se soit ainsi manifestée dans notre nébuleuse ; il est de fait que cette grande création n'aura pas une destinée semblable à celle des races d'animaux qui ont entièrement disparu de la surface du globe pour ne peut-être plus se montrer vivantes. L'homme assurément doit aussi disparaître à son tour, mais par une cause tout-à-fait opposée à celle qui a tranché l'existence des animaux que nous trouvons fossiles. Ces races primitives, n'ayant pas eu alors, comme l'homme aujourd'hui, les moyens de franchir l'espace des mers qui les séparaient des points terrestres favorables par leur température à la conservation de ces mêmes animaux, il fallut donc inévitablement qu'ils suivissent le mouvement du continent qui les avait vus naître, pour y subir les conséquences d'une marche de la surface du globe inclinée vers les pôles, entraînant avec elle le sort des êtres organisés soumis à la merci d'un climat meurtrier qu'ils ne purent éviter. Néanmoins, il est probable que la présence de l'homme sur la terre, sera la dernière organisation animée que la nature réserve au sublime ornement du globe.

Que de révolutions géologiques ne doivent-elles pas survenir à notre nébuleuse avant son parfait développement, dont l'homme sera sans doute témoin! Les nouveaux continents qui doivent inévitablement paraître, la destruction entière de certaines espèces d'êtres, et la création d'autres animaux inconnus aujourd'hui dans le monde, sont autant de faits à placer dans l'histoire des temps à venir, dont nous ne saurions apprécier les circonstances futures, que par l'analogie des nouvelles découvertes journellement faites en sciences; car la puissance infaillible de la nature est tellement grande dans le progrès de ses actes créateurs, que les éléments propres à former la partie solide de notre nébuleuse, diminuent en raison de la dernière transformation de la matière; celle-ci prise au détriment de l'atmosphère et des eaux en général qui couvrent notre globe, ou ces mêmes éléments seront alors épuisés à un tel point d'amoindrissement, que la vie organique n'aura plus la force de se reproduire, arrêtée par l'intensité que prend successivement la combustion intérieure de la terre, pour s'emparer de toute la masse et la réduire à son état inévitable de conflagration solaire, alors, la situation de notre globe présentera la dernière métamorphose visible de la matière, afin de la disperser moléculairement dans l'espace, où elle doit successivement y recevoir les modifications nécessaires à la reconstruction des nouveaux corps planétaires, comme continuité de mouvement sans cesse en vigueur, assurant l'indestructibilité de cette éternelle substance dirigée par la puissance unitaire du sublime rénovateur universel.

Passons maintenant à quelques particularités de la situation actuelle de notre globe.

Hauteur de l'atmosphère.

Pour le développement de la hauteur de ce fluide, j'admets trois principes élémentaires bien distincts constituant l'ensemble organique de l'univers entier; composé d'abord, du libre vague de l'espace, ayant pour fonction spéciale une double propriété que j'explique plus loin; ensuite de l'incomparable calorique lumineux répandu dans l'immensité, telles que les étoiles fixes considérées comme des soleils ayant des attributions différentes à celles de l'espace; et enfin, de la substance matérielle des corps planétaires soumise au pouvoir des deux premiers principes, ceux-ci leur imposant avec rigueur la gravité des conséquences inévitablement entraînées par la suite des faits qui accompagnent le cours de son existence entière; de sorte que, le mouvement immédiat des corps planétaires ne peut avoir lieu qu'avec l'intermédiaire des deux éléments précités, et dans les limites d'un cercle parcouru autour de la force centrale à laquelle ils appartiennent ; car nous pouvons juger par analogie, que les étoiles fixes sont autant de centres planétaires doués d'une puissance provocatrice consacrée à la locomotion des corps soumis à leurs divines lois, dont chaque centre reste stationnaire à la place qui lui est imposée par le frein absolu de l'empire universel du vague de l'immensité ; celui-ci étant le pivot inébranlable de l'équilibre du monde, peut être considéré comme le principe le plus important de l'organisation universelle constituant la base du siége immuable de la toute puissance, où les corps célestes se meuvent dans l'ordre le plus parfait, pour y subir les conséquences rigoureuses des grandes lois de la nature. En effet, trouverions-nous dans l'ensemble des actes créateurs, un fait quelconque dans le cas de se faire sentir par la plus légère impression de nos organes vitaux, qui ne dût appartenir aux attributions de sa puissance infinie ? Non sans doute, et pour s'en rendre compte, que la pensée déploie les forces extensibles du progrès ascensionnel de la méditation la plus active, elle ne rencontrera jamais les bornes inaccessibles de ce pouvoir dominateur universel ; car cette puissance est inaltérable, quand même on supposerait la chimérique pensée de la solidification de son état physique, pour lui ôter le droit de la propriété facultative du mouvement des corps célestes, à cause de sa nature incomparable d'immensurabilité différente à celle de la matière planétaire, où la pensée repose sur quelque chose de positif, n'ayant aucun rapport de similitude avec la préoccupation d'esprit, que donne la situation perplexe d'une réflexion sans cesse errante dans l'espace, pour arriver à un point de conclusion satisfaisant, qui ne peut être raisonné, qu'avec l'heureuse définition du grand Pascal, définition me paraissant néanmoins insuffisante pour rassurer la tranquillité d'esprit, sur l'apparence du vide absolu de l'espace qui n'offrirait en pareil cas que le vaste et horrible repaire du désespoir, si la sage réflexion ne nous faisait comprendre, que le nom de *vide absolu* n'est qu'un vain mot applicable à rien autre chose, qu'à la comparaison explicative de quelques faits scientifiques toujours imparfaitement démontrés ; parce qu'il est bien probable que l'espace n'est pas comme on pense, le champ imaginaire du néant, et dont on peut lui appliquer le double sens de ni vide ni plein ; cette simple locution, s'explique par le cours périodique des comètes, ayant une traînée de vapeurs retenue en arrière de leur masse volumineuse par la rencontre résistible d'une substance inconnue qu'elles traversent, faisant éprouver à cette vapeur un retard qui ne pourrait avoir lieu sans un obstacle de cette nature ; parce qu'il est physiquement démontré par des expériences faites dans ce qu'on appelle improprement *vide absolu*, que les corps les plus légers obéissent à la loi de gravitation, avec la même vitesse que celle des corps les plus lourds : par conséquent, si l'espace était dans un dénument complet de toutes choses, il en résulterait que cette nébulosité des comètes, ordinairement en forme de longue chevelure, resterait au contraire malgré la grande vitesse de leur course orbitaire, dans un état constant d'une égale épaisseur réunie autour de la surface du noyau central de ces mêmes corps, sans éprouver le moindre dérangement; mais comme cette cohérence uniforme n'existe pas, nous pouvons, par la même raison des causes perturbatrices qui la dérangent, croire que les molécules invisibles de notre atmosphère sont refoulées en arrière du globe terrestre vers l'ouest, à des distances comparées dans les proportions de la vitesse de sa marche annuelle; étant infiniment moindre que celle des comètes, ce qui nous explique parfaitement la cause du jour crépusculaire plus long-temps prolongé que celui de l'aurore. Dans le fait, nous n'aurions pas eu besoin de pareilles observations pour écarter l'idée que l'on pourrait avoir du vide absolu, parce qu'il suffit d'envisager l'espace comme tel, pour comprendre alors que, dans un semblable état de chose, tout faillirait dans le monde. Car enfin, où en serait la matière de notre système planétaire exposé à de tels dangers ? Pourrait-elle se maintenir dans les limites du cercle qu'elle parcourt autour du point central dominateur qui n'est autre que notre soleil, ayant une puissance attractive égale à un pouvoir répulsif, pour les tenir à des distances proportionnées au volume des masses? Non, il n'est pas possible de le croire sans tomber dans l'erreur la plus grave ; parce qu'il est plus que probable qu'une semblable circonstance entraînerait une confusion inévitablement désastreuse à la marche des corps célestes abandonnés sans ordre dans l'effrayant abîme de l'immensité, pour les réduire à l'horrible destinée d'un fracas continuel des uns contre les autres, sans espoir d'un meilleur avenir. Mais tranquillisons-nous, la Providence, dans son illimité vouloir, a tout organisé de manière à ce que rien ne dérange l'œuvre miraculeuse de la création. Les corps célestes isolés dans l'espace, ne sont-ils pas soumis aux immuables lois éternelles de la toute-puissance? car ces lois sont confiées aux soins bienveillants de deux agents modificateurs, que je désigne l'un par le nom de *cause première*, possédant à la fois la propriété constitutive de la variété infinie de formes corporelles, en même temps que celle de faciliter leurs mouvements; et l'autre, par celui de *cause secondaire*, d'où émane la transmission de la vitalité donnée à ces mêmes corps.

On comprendra sans doute que ces deux facultés, quoique d'une nature opposée dans leurs spéciales fonctions, puissent accomplir simultanément, et chacune pour son compte particulier, un résultat d'une entière bienfaisance, qui produit en nous le ravissement de l'admiration des lois régénératrices où la cause première (effet de l'immensité) est remarquable par son état de propriété complexe, telles que l'immensurabilité, l'immuabilité et la basse température, constituant le principe condensateur des molécules éparses qui doivent servir à la formation exclusive des différents corps, pendant que la cause secondaire complète le dernier acte de l'achèvement, en imprimant à ces mêmes corps le sceau incomparable de la vie de mouvement qui caractérise la perfection absolue : et par cette simple raison, l'atmosphère ayant reçu du Créateur la faculté immédiate de sa transformation variée à l'infini, pour la composition de tous les produits sans cesse renaissants que nous voyons à la surface du globe, il est constant que l'atmosphère doit conserver jusqu'à sa dernière métamorphose, la cohérence de sa constitution physique douée d'une élasticité pour ainsi dire inséparable de son union intime, par l'adhésion du principe d'affinité mutuelle de ses propres forces moléculaires réunies à l'action centripète du globe terrestre ; de sorte que la puissance expansive du calorique solaire divise les molécules à l'infini, sans les désunir de leur état de cohésion, malgré la tendance continuelle de deux antagonistes, lois propres à éloigner ces corpuscules les uns des autres ; car le principe condensateur prédominant de notre globe, est sans contredit la propriété spéciale des pôles, par rapport à la lenteur du mouvement de rotation et de la basse température qui les caractérise ; exerçant sur l'atmosphère une attraction considérable, en même temps que le principe secondaire provenant du calorique solaire les rapproche vers ces mêmes points, en les éloignant de l'équateur par l'effet répulsif de la dilatation continuelle qu'il opère sur cette partie mitoyenne du globe.

Circonstances qui font comprendre que la hauteur limitée de l'atmosphère, pour chaque latitude, doit nécessairement varier d'une manière peu sensible à la vérité, mais cependant appréciable en raison du mouvement de la terre.

Exposant alternativement sous la perpendiculaire du soleil, environ soixante-sept degrés de sa surface, c'est-à-dire déplacée successivement d'un tropique à l'autre, sans que cette variation puisse faire éprouver aucune difficulté dans les opérations investigatrices de l'observateur, dont il peut parfaitement se rendre compte de cette différence. En précisant le moment de la coïncidence des rayons solaires avec les limites de notre horizon atmosphérique, nous indiquant le point du jour comme départ du temps qui s'écoule jusqu'au lever du soleil, déterminant les variations de hauteur; car il nous est impossible d'apercevoir la lumière, que lorsque ses rayons frappent la surface des corps exposés en notre présence, ou bien par la disposition visible du foyer qui la produit; parce qu'il en serait autrement si la lumière était projetée dans l'immensité avec le même éclat de resplendissement qu'elle nous paraît dans la région atmosphérique éclairée lors du crépuscule ; parce qu'alors on pourrait croire que la substance éthérée de l'espace aurait la propriété d'intercepter cette lumière, pour nous la réfléchir de la même manière qu'elle nous arrive de l'atmosphère, un quart d'heure avant l'apparition du soleil, ce qui nous priverait complètement de l'obscurité des nuits, pendant les vingt-quatre heures que la terre met à tourner sur elle-même. Et sans doute, à pareilles circonstances, n'apercevrions-nous de tous les astres brillants du ciel que le soutien régénérateur de notre système planétaire, étalant l'éclatante splendeur de sa masse flamboyante sur cette immense atmosphère jointe à la nôtre, pour effacer incessamment à nos regards l'apparition de tous les autres corps célestes, ce qui explique d'une manière assez positive que cette substance éthérée n'est autre chose que la présence invisible des rayons solaires, et que la surface des planètes reçoit dans tout l'éclat du brillant apparat qui les caractérise ; parce qu'il serait alors possible dans le cas contraire, de n'apercevoir dans l'immensité que les étoiles fixes dévoilées par leurs propres lumières. Il est même probable, en supposant à l'homme des conditions d'existence à lui permettre de s'éloigner isolément dans l'espace, en dehors de l'atmosphère, sans perdre aucune de ses facultés intellectuelles, que sa présence serait plongée dans l'obscurité complète, pour n'apercevoir que difficilement autour de lui les points lumineux des astres qui l'entoureraient. Conséquemment, nous pouvons en quelque sorte apprécier la hauteur du fluide atmosphérique, considéré comme un corps matériel divisé à l'infini par la dilatation que le calorique solaire lui fait sans cesse éprouver, dont les molécules peuvent être comparées à autant de petits astres interposés entre la terre et le soleil, interceptant les rayons de cet astre pour nous les réfléchir pendant le crépuscule, de la même manière que nous les recevons des planètes qui nous éclairent pendant la nuit : de sorte que cette proposition peut être démontrée par un procédé aussi simple que facile à exécuter ; mais, l'on m'objectera sans doute la difficulté de la déviation des rayons de lumières, que la réfraction leur fait éprouver en traversant la masse atmosphérique; celle-ci nous présentant les objets célestes sur l'horizon avant leur apparition réelle. Mais j'ajouterai à cela, que cette difficulté finit par disparaître dans la balance de comparaison des mêmes conséquences qui résultent de l'arrivée de l'astre qui les produit. Celui-ci, nous paraissant aussi sur l'horizon avant que nous dussions réellement l'apercevoir, pour qu'on ne puisse tenir compte de cette circonstance, qui ne serait dans tous les cas qu'une soustraction à faire de la courbe de cette réfraction, sans qu'elle dérangeât en aucune manière l'ordre graduel d'accroissement de hauteur trouvée pour chaque latitude.

Je dois rappeler, pour accompagner la conviction de ce raisonnement, que les faits vulgairement connus de la dissemblance des pôles avec l'équateur, relativement aux modifications que l'éclat de la lumière éprouve en raison de la position du soleil, par rapport au mouvement de la terre, on ne saurait appliquer la même dénomination de jour et de nuit sur tous les lieux du globe; attendu que sous la ligne équinoxiale, l'intervalle de l'apparition d'un soleil à l'autre se trouve divisé dans l'ordre d'une organisation pour ainsi dire invariablement fixe, et que cette uniformité de jours n'a aucun rapport de similitude avec la règle des jours polaires dont voici la différence :

L'on ne connaît sous la ligne équinoxiale qu'un jour auroraire emprunté à l'atmosphère de trente minutes, précédé d'un jour solaire de douze heures entières, lequel jour solaire est suivi d'un jour crépusculaire d'une durée prolongée de quelques minutes de plus que celui de l'aurore, dont le temps qui s'écoule entre les deux jours empruntés à l'atmosphère, que nous appelons *nuit*, complète les vingt-quatre heures de la rotation diurne de la terre; attendu qu'à partir de l'équateur jusqu'au 86e degré latitude, cette organisation du jour équatorial ne ressemble pas plus à l'alternative des deux jours polaires qu'à la variation continuelle de celui des latitudes qui leur sont intermédiaires; parce qu'à partir du cercle qui renferme les pôles, il ne peut y avoir qu'un jour solaire de six mois consécutifs, et un jour emprunté à l'atmosphère, de même durée, sans qu'il y paraisse de nuit obscure sur ces lieux pendant les six mois d'absence du soleil, à cause de la grande hauteur de ce fluide qui les couronne; traversé à l'époque des solstices par les rayons du soleil jusqu'au 87e degré, leur donnant un jour crépusculaire qui ne peut être altéré que par la présence des brouillards; ne laissant pénétrer la réfraction de la lumière jusqu'à leur surface. Néanmoins, on peut admettre comme un fait certain, que les pôles, à l'absence alternative du soleil et par un ciel sans nuages, doivent conserver une clarté semblable à celle que nous voyons dans les beaux jours d'été, trois quarts d'heure avant le lever du soleil, au 45e degré latitude, pour ne former qu'un jour perpétuel qui ne peut avoir lieu que dans la circonscription du cercle formé par le 86e degré latitude environ : ce qui serait contraire au système de hauteur atmosphérique actuel que l'on croit élevé sur la surface entière du globe, à une épaisseur partout égale à celle que nous pouvons apprécier à l'équateur, reconnue à une évaluation moyenne de quinze lieues. Assurément, cette hauteur de l'atmosphère équatoriale ne pourrait permettre aux rayons solaires, lors du soltice d'hiver, de ne se montrer tout au plus que jusqu'au 78e degré latitude, en laissant les pôles dans l'obscurité pendant un temps qui serait déterminé par le retour du soleil ; car il ne s'agit pas de la présence directe de cet astre, pour donner aux pôles une clarté suffisante à déterminer la réelle dénomination du jour. Il est seulement de toute nécessité que les rayons solaires frappent avec la plénitude dc leur éclat, non pas la surface du sol, mais la partie atmosphérique qui couronne le cercle polaire; parce que l'absence du jour sur ces lieux me paraît d'autant plus impossible, que je réfléchis davantage aux observations faites dans mes voyages, depuis le 54e degré latitude jusqu'à l'équateur, où, dans ma traversée pour l'Amérique du Sud, le bâtiment sur lequel j'étais passager, ayant poussé sa marche à quelques minutes près de la ligne équatoriale; je remarquai à cette partie du globe, que les relations du dénombrement crépusculaire sont parfaitement exactes, augmentant progressivement depuis l'équateur jusqu'au 86e degré latitude, dans les rapports, d'une minute trente secondes par degré; appréciation qu'il n'est guère possible d'obtenir que jusqu'au 60e degré latitude, et faudrait-il encore, pour arriver à une opération satisfaisante, qu'elle fût faite aux environs du solstice d'hiver. Ayant reconnu, en 1807, lors du mouvement de nos armées à l'étranger, qu'au mois de juin, aux environs de Koenigsberg, il n'y avait presque point de nuit intermédiaire entre l'aurore et le crépuscule; car le phénomène précurseur de l'arrivée du soleil reste en présence de celui qui suit le passage de cet astre, pour que ces deux jours empruntés à l'atmosphère paraissent en même temps à minuit, sous la forme de deux arcs de lueurs diamétralement opposés et élevés à une hauteur au-dessus de l'horizon, d'environ trente degrés; ce qui prouverait qu'à cette époque, au 60e degré latitude, l'aurore et le crépuscule ne forment qu'un seul jour crépusculaire, ce qui rendrait alors à des latitudes plus rapprochées des pôles, toute opération de recherches entièrement inutile. Mais pour arriver à la démonstration du fait, il n'est pas nécessaire de pousser plus avant l'examen du jour crépusculaire des latitudes voisines des pôles; je reprendrai seulement la première opération faite à l'équateur, devant servir de règle pour opérer sur tous les points possibles du globe. Cet examen se borne à préciser l'espace du temps qui s'écoule entre le point du jour et le lever du soleil, étant à l'équateur d'une durée de trente minutes, donnant une longitude d'environ sept degrés et demi, équivalant à une distance de cent quatre vingt-huit lieues. Il est inutile de prévenir qu'à partir du commencement de cette lueur crépusculaire, le soleil parcourt cet espace avant son apparition sur l'horizon, de laquelle induction j'ai cru devoir établir la solution du problème, en observant toutefois que la figure de cette démonstration est présentée par le grand cercle équatorial comme ensemble de la sphère terrestre vue de profil. Ce tracé n'est point en harmonie avec les règles géométriques qu'exigent les soins d'une opération rigoureusement juste, parce qu'il faudrait que ce dessin fût présenté dans une échelle de plus grande dimension, afin de pouvoir mieux apprécier l'angle obtus qui détermine le résultat d'une opération satisfaisante. Ayant reconnu par ce procédé que la hauteur de l'atmosphère pour chaque latitude correspond à deux kilomètres par minute de la durée du jour crépusculaire, se rapportant à trois kilomètres par degré. Bien entendu que cette augmentation de hauteur, en supposant que la couche atmosphérique soit partout égale à une épaisseur de quinze lieues comme celle qui existe réellement à l'équateur, ce nombre doit être ajouté au produit de la multiplication faite pour chaque latitude, c'est-à-dire, qu'après avoir calculé le nombre de minutes qui forment le crépuscule de chaque latitude, par deux kilomètres, on y ajoutera les soixante kilomètres de l'atmosphère équatoriale.

Hypothèses que les observations attentivement suivies par la sagacité des savants investigateurs, décideront de l'état plus ou moins favorable, à l'appui du frêle échafaudage de mes prévisions retranchées dans la réserve du cercle des apparences.

PROBLÈME.

(*Figure T*). Supposons un observateur placé au point (*A*), latitude zéro, à sept degrés et demi, longitude Ouest, méridien de Paris, et que de ce point il aperçoive les premières lueurs de l'aurore; alors, on pourra croire avec raison que cette lueur correspond perpendiculairement à la longitude zéro, recevant les premiers rayons que le soleil projète à l'instant de son apparition au point (*C*), qui est également à sept degrés et demi longitude Est, distance qu'il parcourt dans les trente minutes de son jour auroraire; de sorte que l'opérateur n'aura qu'à tirer une ligne droite prolongée du point (*A*) jusqu'à zéro longitude, qui est le sommet de l'angle obtus formé par cette ligne droite avec le rayon solaire venant du point (*C*) à sa rencontre, pour démontrer que la hauteur de cet angle est égale à celle de l'atmosphère du lieu que l'on opère.

Magnétisme terrestre.

S'il ne fallait excepter les circonstances provenant de la chaleur centrale du globe, comme par exemple, les volcans et autres faits du même ordre, nous pourrions, sans trop nous écarter de la vérité, supposer que les lois créatrices de la nature agissent dans ces actes producteurs ordinaires toujours avec la même simplicité de moyens, pour tous les phénomènes qui paraissent à la surface du globe. Ce qui nous prouverait que le développement du mouvement causé par le magnétisme terrestre, sur l'aiguille aimantée, peut être placé dans des conditions semblables à celles qui appartiennent aux divers faits révélateurs qui nous montrent la hauteur de l'atmosphère; attendu que le principe élémentaire du magnétisme terrestre, est sans contredit le plus important de la puissance provocatrice du mouvement imprimé à toutes les circonstances phénoménales communes à l'atmosphère, pour être soumis comme cette dernière, au pouvoir des mêmes causes de sa mobilité par des conséquences tout-à-fait analogues, c'est-à-dire, que l'atmosphère est attirée vers les pôles condensateurs, par les effets simultanés de la lenteur du mouvement de rotation et de la basse température de ces derniers, en même temps qu'elle est refoulée de l'équateur vers les pôles, par la dilatation continuelle que le calorique solaire lui fait sans cesse éprouver. De telles conditions organiques peuvent bien nous faire croire que le fluide magnétique suivra les mêmes lois d'entraînement de l'atmosphère vers les pôles, pour contraindre l'aiguille aimantée à un mouvement propre qui ne peut être que celui de l'inclinaison; parce que la déclinaison paraît principalement appartenir à la rotation diurne de la terre, faisant dévier l'aiguille aimantée vers l'ouest, en raison de la distance qu'elle se trouve éloignée des divers points terrestres qui balancent son équilibre, à l'exception du moins qu'elle ne soit dérangée par les circonstances de son rapprochement vers les parties élevées d'un sol ferrugineux assez puissant pour contrarier l'ordre de ce mouvement. Il est même présumable que ces modifications de mouvements sont aussi influencées par le déplacement continuel de l'équateur magnétique; celui-ci passant alternativement d'un hémisphère à l'autre, par le changement qu'éprouve la surface de la terre, dans ses rapports directs avec la perpendiculaire du calorique projeté par la masse incandescente du soleil qui en est le principal agent. Néanmoins, on ne peut guère supposer la marche du déplacement de cet équateur magnétique sans admettre, comme certaines personnes le prétendent, que les deux hémisphères du globe ne soient doués pour chacun d'eux de la présence d'un cercle magnétique, identiquement conformes par leurs pouvoirs envers le mouvement de l'aiguille aimantée. Et si ces deux cercles magnétiques existent réellement, ne devons-nous pas également croire que leur arrangement topographique ne saurait être autrement disposé que d'une manière parallèle à l'écliptique, celui-ci occupant la partie intermédiaire qui les sépare? En admettant de telles dispositions à ces deux cercles, les conditions de leur existence entraîneraient les conséquences inévitables de l'inhérence d'un mouvement réciproque à les maintenir inséparablement à la même distance l'un de l'autre ; de sorte que ces deux cercles auraient leur équateur magnétique soumis à un mouvement alternatif du nord au sud, qui serait probablement limité entre le douzième dégré latitude de chaque hémisphère, pour se rapprocher et s'éloigner successivement l'un et l'autre de la ligne équatoriale. La disposition de ces deux cercles fait comprendre que le pôle magnétique de la partie boréale aurait son équateur magnétique dans l'hémisphère austral, mais à une longitude diamétralement opposée à celle que doit occuper l'équateur magnétique du cercle qui lui est parallèle; c'est-à-dire, que l'équateur magnétique d'un des cercles est placé dans le même hémisphère que se trouve le pôle magnétique de l'autre cercle. *Et vice versâ.*

Hypothèses sur le mouvement annuel du globe terrestre.

On pardonnera l'inconséquence de vouloir me placer en opposition avec un système qui a, jusqu'à présent, prévalu dans le monde savant, où je n'aurais aucun motif de m'écarter d'un jugement généralement adopté ; s'il m'était permis de repousser de ma pensée des idées indépendantes de ma volonté qui ont su maîtriser la répugnance que j'avais de rejeter un principe que je respecte infiniment, mais que la puissance invincible d'une prétendue conviction a surmontée dans mon opinion que voici :

D'après la supposition du déplacement continuel de l'équateur magnétique précité, j'ai dû céder au désir de montrer ma manière de voir, relativement à la disposition du mouvement annuel du globe terrestre qui en serait la principale cause et que l'on présente dans la forme adoptée d'une ellipse, me paraissant peu en harmonie avec les lois de la gravitation des corps planétaires, parce que le soleil est dans l'espace un des foyers expansifs du calorique répandu dans l'immensité, constitué avec le droit d'une puissance agitatrice, destinée à régler l'ordre du mouvement des planètes sous sa domination ; devant produire, conséquemment, sur notre globe, à tous les points du cercle successivement parcouru de son orbite, une égale et continuelle intensité de force locomotive, en lui donnant une impulsion régulière et à des distances du soleil qui ne peuvent varier que par l'influence inévitable du rapprochement alternatif qu'il éprouve dans ses différentes phases avec son satellite; car ces deux corps doivent nécessairement suivre ensemble un cercle orbiculaire composé d'un certain nombre d'ondulations à peu près semblables à la forme spirale d'un ressort élastique. Ondulations occasionnées par la force d'attraction mutuelle qui leur est commune, proportionnellement au volume de la masse respective de ces deux corps entre eux, sans que pour cela cette circonstance ondulatoire puisse détruire la régularité harmonique du cercle parfait, que le mouvement simultané de ces deux corps décrit ensemble autour du soleil. Du reste, je ne m'attacherai pas à montrer le mouvement de chacun de ces deux corps dépendant l'un de l'autre; je me bornerai seulement à présenter celui de la terre, apprécié de la manière suivante :

La terre, dans ses mouvements périodiques autour du soleil, exécute trois cent soixante-six tours et quart pour compléter son cercle annuel, obéissant à la force expansive du calorique solaire qui en est le principal agent, dont trois cent soixante-cinq tours et quart sur elle-même, nous donnant les jours, et un seul tour à parcourir l'espace de son orbite pour compléter l'année. Ce dernier mouvement de la terre s'effectue en roulant sur un cercle qui passe obliquement d'un tropique à l'autre et parallèlement à l'écliptique, faisant décrire à son axe la forme de deux cônes opposés, dont le sommet correspond au centre de la terre, et la base aux deux extrémités polaires ; c'est-à-dire, que la terre, dans le parcours de son orbite, incline sa surface périodiquement vers l'un ou l'autre des hémisphères, de manière à ce que chaque jour la perpendiculaire du soleil coïncide avec une latitude et une longitude qui n'est pas la même du jour précédent ; ce qui rendrait peu vraisemblable, s'il ne faut pas dire impossible, le parallélisme parfait de son axe, quoique ce dernier soit placé continuellement dans le sens d'un même côté du monde, sans que l'on puisse, par aucun moyen, apprécier la déviation circulaire de ses deux extrémités autour de ce même point du monde, que l'effet de la réfraction modifie en nous montrant les corps célestes sur l'horizon, avant leur apparition réelle; de manière que l'étoile polaire nous paraît placée à un point du ciel correspondant directement au prolongement de l'axe terrestre. Ce phénomène s'explique par le raisonnement d'une distance immensurable, tel que la comparaison suivante :

L'on sait parfaitement que l'orbite terrestre, quoiqu'il paraisse occuper un grand espace dans l'immensité, cet espace ne peut être, par le fait considéré en lui-même, que comme un point d'une limite sans étendue, relativement à la distance qui le sépare des étoiles fixes placées convenablement à faire connaître la direction de l'axe terrestre vers un même point du monde ; attendu que les soixante-dix millions de lieues environ, que cet orbite contient comme base d'opération à mesurer l'intervalle qui nous sépare de ces mêmes étoiles, n'ont pu produire un angle parallactique capable de faire connaître leurs distances vainement cherchées. Les deux tangentes confondues parallèlement sur la même direction, nous mettent dans l'impossibilité d'apprécier la déviation circulaire des deux extrémités de l'axe terrestre. D'après l'évidence de ce fait, l'on ne sera sans doute point surpris du caractère persuasif que présente un argument à nous sortir de l'erreur à laquelle on peut être placé, en admettant à la fois la forme elliptique du cercle annuel de la terre avec le parallélisme parfait de son axe, pour nous faire comprendre, qu'à l'époque des solstices, il arriverait que le rapprochement supposé de la terre au soleil, évalué à environ douze cents lieues de leur position ordinaire, démontrerait que cette marche elliptique serait tout-à-fait contraire à la théorie du système actuel; parce qu'il serait impossible, d'après la différence de volume de ces deux corps et de la moyenne distance qui les sépare, que ces deux astres ainsi disposés lors des solstices, puissent faire croire qu'à cette époque, l'un des pôles terrestres soit éclairé par les rayons solaires, pendant que le pôle opposé serait complètement privé de la présence du soleil. Assurément, le parallélisme parfait ne pourrait produire une semblable anomalie, sans que les deux pôles en même temps ne fussent absolument privés de la présence des rayons de cet astre; et faudrait-il encore, pour que ce fait puisse avoir lieu, que les dimensions du volume solaire fussent réduites comparativement à son énorme masse, à la médiocrité de celle de la terre; et que celle-ci, au contraire, occupât le même espace de volume solaire à de telles conditions. La petitesse du cône, formé par les rayons que produirait un soleil beaucoup moins grand que la planète qu'il éclairerait, ne pourrait entièrement envelopper la surface hémisphérique de cette planète, et condamnerait ces deux pôles en même temps à la privation de la lumière solaire; mais ces deux corps, par le fait de leurs dimensions réelles, étant le contraire de ce que je les suppose, il arriverait évidemment, par le fait du parallélisme, que les pôles terrestres seraient continuellement éclairés pendant toute l'année, comme ils le sont à l'époque des équinoxes, pour nous faire jouir d'un printemps perpétuel, mais comme cette agréable circonstance n'existe pas, il est donc bien évident que les deux extrémités polaires éprouvent une déviation circulairement périodique, à ne pouvoir s'écarter au-delà des vingt-trois degrés et demi environ. Des hypothèses appuyées par quelques observations astronomiques, me porteraient fortement à le croire; car ces observations suivies pendant plusieurs années de suite, sont basées sur le mouvement annuel de la terre dans ses rapports corrélatifs avec le cercle de la voie lactée placée dans l'espace immuablement fixe à une grande distance de notre système solaire auquel il appartient, et que par la présence de sa disposition locale, inhérente à ce dernier, paraît couronner cet astre comme auréole protectrice de notre système planétaire, embrassant dans l'enceinte de son cercle vaporeux, l'orbite terrestre dans un sens oblique à la direction de cet orbite, comme on verra par les quatre figures représentant les opérations faites à Lyon, à huit heures du soir, et à l'entrée des quatre saisons, donnant de grandes probabilités à ce système de déviation.

Je dois prévenir l'observateur, que pour se rendre compte des opérations investigatrices d'une manière satisfaisante, les recherches ne pourront avoir de valeurs réelles qu'autant qu'elles seront faites à un seul et même point de la surface du globe, quel que soit celui que l'on adoptera, pourvu toutefois que les opérations se fassent toujours à la même heure; car différemment, la voie lactée présenterait un aspect tout-à-fait contraire au développement de toute recherche à cet égard; il serait même préférable, pour reconnaître la régularité des faits à observer, que les opérations fussent faites à un point quelconque de la circonférence du cercle équatorial, où les dispositions corrélatives entre la terre, le soleil et la voie lactée, se montreront toujours aux mêmes époques et à une heure de la nuit invariablement fixe, que l'on déterminera pour opérer à chaque saison, comme par exemple, dans les quatre remarques ayant produit les figures de la démonstration suivante.

Observation du Solstice d'hiver.

(*Figure H*). A Lyon, du 21 au 22 décembre, à huit heures du soir, la partie N du cercle de la voie lactée, que nous voyons dans ce moment placée vers le nord de cette ville, paraissant correspondre au zénith du 66ᵉ degré latitude, ayant son prolongement disposé de l'est à l'ouest; il en résulte que les autres parties de ce cercle sont cachées sous l'horizon, en passant obliquement d'une latitude nord à une semblable latitude sud, et à des longitudes diamétralement opposées à celle de Lyon; de sorte que les habitants de cette partie sud de la terre, ne peuvent au même instant de nos observations, apercevoir la partie S complétant la circonférence entière de ce cercle; parce qu'elle est placée, par rapport à eux, du côté du soleil, que l'éclat des rayons de cet astre dérobe entièrement à leur vue, pendant que la partie N de ce cercle placé par rapport à nous du côté opposé à la lumière nous est entièrement visible; mais les deux arcs de eercles, longeant obliquement la terre de l'hémisphère nord à l'hémisphère sud, placés l'un à l'est et l'autre à l'ouest, désignés par la lettre initiale du nom de ces deux points cardinaux, nous montrent parfaitement l'ordre du mouvement de la terre, dans toutes ses modifications corrélatives reconnues par les constellations qui accompagnent les différents arcs de cercle de la voie lactée.

Observation à l'équinoxe du printemps.

(*Figure P.*) A Lyon, du 21 au 22 mars, à huit heures du soir, la partie E du cercle de la voie lactée qui longeait obliquement la terre d'un hémisphère à l'autre, au solstice d'hiver du côté de l'est, se trouve aujourd'hui placée presque sur notre tête, prolongée dans la direction oblique du nord-ouest au sud-est. Disposition indiquant parfaitement le quart de la course annuelle de la terre.

Observation du Solstice d'été.

(*Figure E*). A Lyon, du 21 au 22 juin, à huit heures du soir, la partie N du cercle de la voie lactée qui a déjà paru au solstice d'hiver, prolongée dans la direction de l'est à l'ouest, n'a point cessé de conserver cette même direction en tournant autour du pôle nord, où elle est aujourd'hui placée du côté du soleil, que l'éclat des rayons de cet astre dérobe entièrement à notre vue, de la même manière qu'il en est résulté au solstice d'hiver, pour les habitants du pôle sud à la longitude de Lyon, où ces derniers aperçoivent aujourd'hui la partie S de cette voie lactée, dans les mêmes conditions que nous avons vu la partie N au solstice d'hiver. Il en est de même des parties O et E se trouvant aujourd'hui à des positions diamétralement opposées à la place qu'elles occupaient alors, c'est-à-dire, que celle qui est aujourd'hui placée à l'est, était placée à l'ouest. Le même changement a lieu pour la partie opposée de ce cercle, la terre étant à la moitié de sa course.

Observation à l'Équinoxe d'automne.

(*Figure A*). A Lyon, du 21 au 22 septembre, à huit heures du soir, la partie O du cercle de la voie lactée, qui longeait obliquement la terre d'un pôle à l'autre du côté de l'ouest, au solstice d'hiver, se trouve aujourd'hui placée presque sur notre tête, ayant son prolongement dans la direction oblique du nord-est au sud-ouest; de sorte que les quatre arcs de cercle de la voie lactée dans leurs dispositions relatives à celle de la terre, paraissent à des aspects différents de ceux qui nous ont paru au solstice d'hiver, ayant fait les trois quarts de leurs courses pour arriver à ce même point.

D'après ces quatre remarques astronomiques, il paraît évident que la position de notre système solaire serait placée à un seul et même point invariable de l'immensité, où l'harmonie d'ordre commun, entre le soleil et le cercle de la voie lactée, sont d'une nature à dépendre inséparablement l'un de l'autre. Le soleil, étant le centre de ce cercle rendu visible par la divergence des rayons de cet astre, où le système planétaire est contraint à se mouvoir dans ce cercle et autour du soleil, sans pouvoir s'écarter des limites que la puissance irrésistible des lois de mouvement lui ont imposées ; mouvement que je ne puis comprendre autrement que dans l'ordre préalablement énoncé, ne pouvant m'écarter d'une pensée qui est pour moi un principe de conviction établie par la considération prédilectrice du raisonnement, sur les circonstances de la privation alternative de la lumière du soleil, projetée à la surface des pôles successivement non éclairés :

J'ai cru devoir placer à la suite de ce Mémoire, les détails d'un graphomètre à racines carrées, de nombre ainsi qu'il suit.

L'on ne connaît en mathématiques démontrées, dans la solution des distances astronomiques seulement, d'autres moyens pour y parvenir que l'arrangement mi-circulaire des degrés tracés sur le plan du graphomètre ordinaire, formant la principale partie de l'ensemble de cet instrument avec lequel on obtient des résultats plus ou moins satisfaisants, mais toujours imparfaits ; car malgré tous les soins qu'on voulût porter à la précision rigoureuse d'une opération définie, la dextérité du talent le mieux exercé ne saurait se débarrasser d'un obstacle insurmontable qui s'y oppose ; et par cette même raison, je ne prétends pas, pour la disparition de cette difficulté, vouloir faire entendre que la disposition des degrés tracés sur le carré parfait de cet instrument, puisse prévaloir à l'ingénieuse institution du demi-cercle gradué. Je dois seulement observer que la construction de cette disposition quadrilatère est basée sur un principe à rendre plus exactement le produit de ces calculs, que les divers moyens employés jusqu'à ce jour; parce que les rapports de la circonférence du cercle avec son diamètre, comme moyens de connaître les distances, n'offrent pas le même avantage à cet égard, que la hauteur du triangle multiplié par sa base, et ce dernier ne saurait rivaliser avec le système rectangulaire expliqué par la simplicité du développement de sa démonstration. Du reste, ce plan quadrangulaire ne change rien à la disposition du tracé de ce bel instrument avec lequel on peut opérer indifféremment par l'un ou l'autre procédé, avec un succès à peu près égal, mais plus ou moins facile.

PROBLÈME.

(*Figure G*). Quelle que soit la solution problématique de distance à résoudre avec ce plan quadrilatère, la proposition se borne à ce que la plus grande distance possible d'obtenir avec cet instrument soit égale à un nombre quelconque multiplié par lui-même et divisé par le chiffre indiqué avec l'hypothénuse D E du triangle d'opération D E C, formé par le côté supérieur A B du carré A B C D, représentant la racine fondamentale des distances quelconques à connaître, de laquelle il résulte, qu'à partir du plus haut nombre qui constitue la base de cette racine, la distance augmente d'autant plus fortement, que l'hypothénuse approche du point zéro qu'elle ne saurait atteindre à une solution définie, parce qu'il ne peut y avoir de nombre aussi minime que la pensée puisse produire, sans qu'il ne soit encore capable de rendre une fraction indéfinissable.

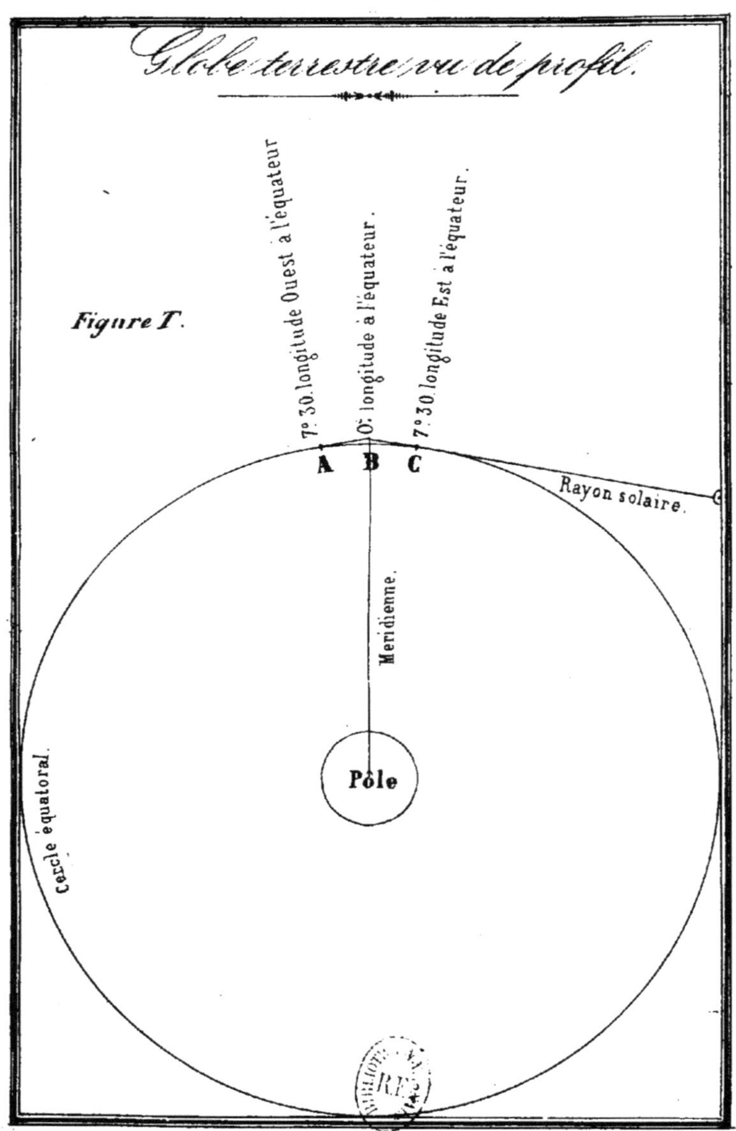
Globe terrestre vu de profil.
Figure T.
7° 30. longitude Ouest à l'équateur
0°. longitude à l'équateur.
7° 30. longitude Est à l'équateur.
A
B
C
Rayon solaire.
Meridienne.
Pôle
Cercle équatoral.

Solstice d'hiver.

Dispositions Corélatives entre la terre,
le Soleil et la voie lactée

Figure H.

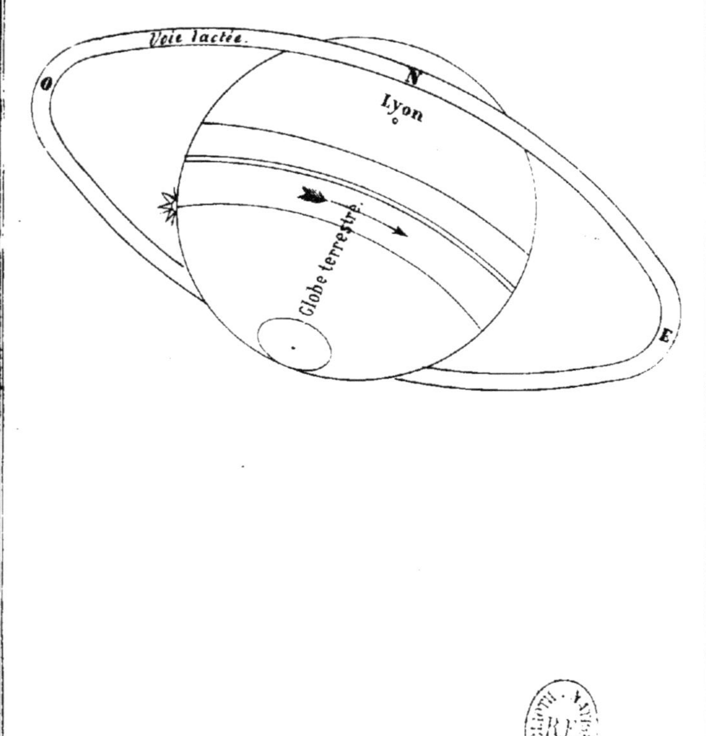

Equinoxe du Printemps.

Dispositions Corélatives entre la terre, le Soleil et la voie lactée.

Figure P.

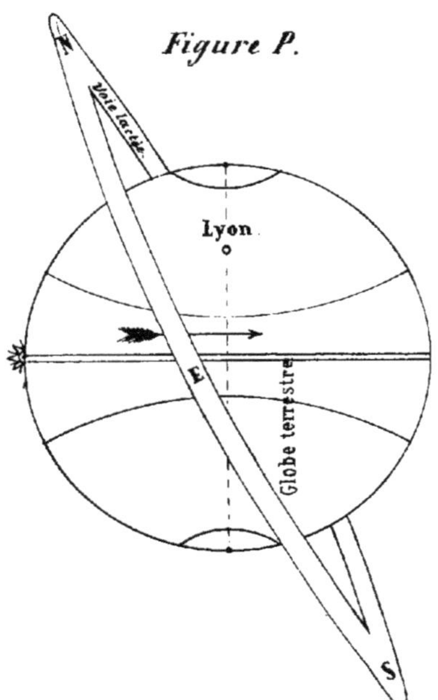

Solstice d'été !

Dispositions Corélatives entre la terre.
le Soleil et la voie lactée.

Figure E.

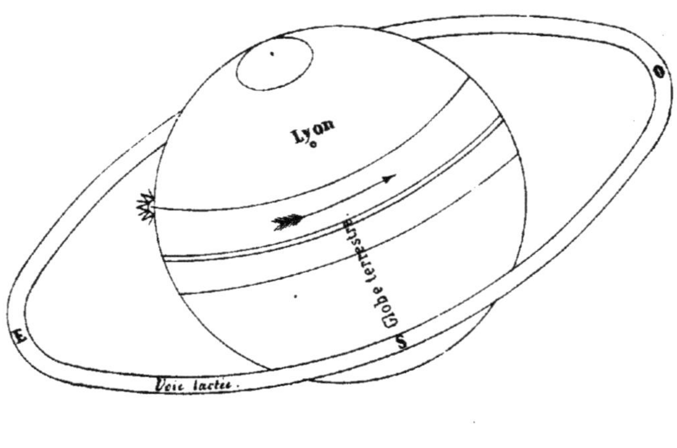

Equinoxe d'automne

Dispositions Corélatives entre la terre, le Soleil et la voie lactée.

Figure A.

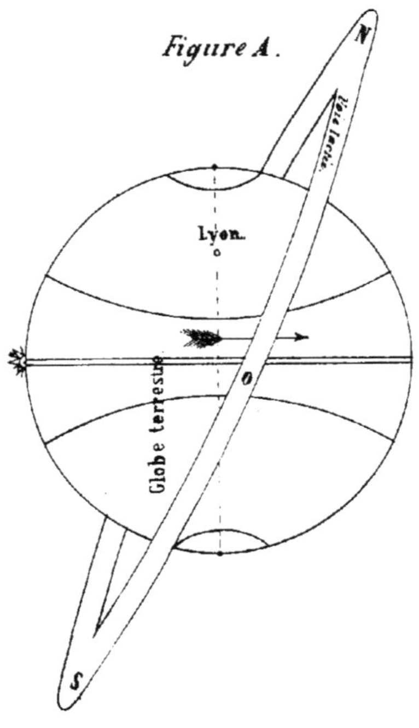

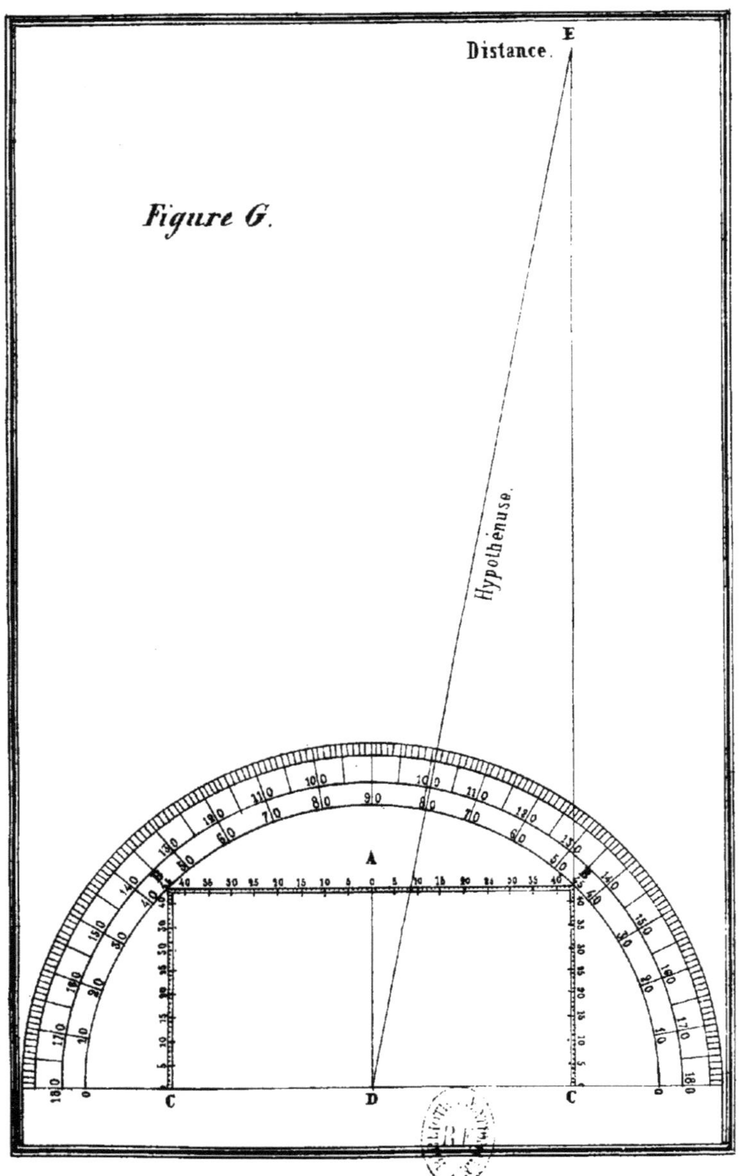
E
Distance.
Figure G.
Hypothénuse.
A
C
D
C